ILLUSIONS D'OPTIQUE EN 3D

TABLE DES MATIÈRES

À PROPOS DES ILLUSIONS D'OPTIQUE

Le terme « optique » vient du mot grec signifiant « œil ». Devant une illusion d'optique, notre cerveau n'est pas apable d'expliquer ce que nous voyons et cela embrouille otre perception.

On trouve l'une des premières utilisations e l'illusion d'optique dans l'architecture e la Grèce antique. Les temples étaient onstruits avec des toits inclinés des colonnes renflées mi-hauteur qui, loin, paraissaient oits.

PARTHÉNON, ATHÈNES (447-432 AV. J.-C.)

SIGNIFIE « EN TROIS DIMENSIONS ».

objet en 3D possède une largeur, une longueur une profondeur.

NIDIMENSIONNEL BIDIMENSIONNEL TRIDIMENSIONNEL

ujourd'hui, les illusions d'optique en 3D sont présentes partout ! graphisme des jeux vidéo est conçu en 3D, de même que les dessins animés télévision et les films au cinéma.

ON S'Y MET !

Regarde dans l'enveloppe qui se trouve à la fin de ce livre. Elle contient des feuilles de papier blanc et millimétré, ains qu'une paire de lunettes 3D. Si tu ouvres le tiroir secret au dos, tu trouveras deux feutres, un rouge et un bleu, ainsi qu'une pinc pour les attacher ensemble.

◀ Tu peux te servir du matériel fourni avec ce livre pour réaliser les expériences regarder d'incroyables image en 3D et créer tes propres illusions d'optique.

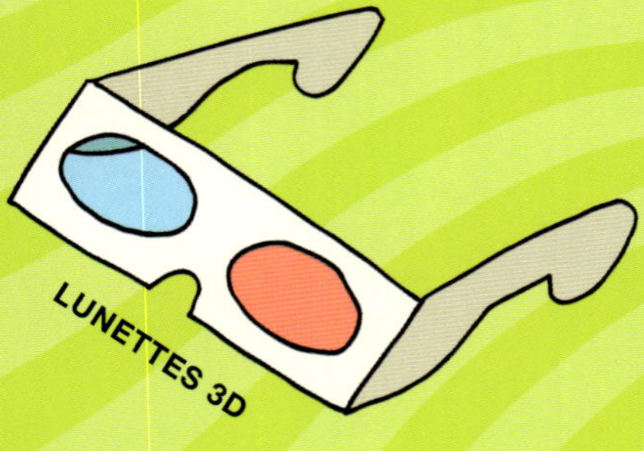

▲ Introduis les feutres rouge et bleu dans les deux fentes de la pince en plastique. Enfonce-les bien pour pouvoir les manier sans qu'ils bouge

Tiens-toi à l'affût des illustrations, photos et décors 3D spéciaux (par exemple, les pages 10 et 32 ont un arrière-plan fantastique).

En mettant les lunettes 3D fournies avec ce livre, tu pourras voir parfaitement l'effet de relief.

Guette aussi les cadrés À TOI DE OUER et SAVAIS-TU ?

À TOI DE JOUER

LE SAVAIS-TU ?

◀ As-tu repéré Ginger le chat et Gruff le chien qui font les fous en bas de chaque page de droite ? Commence à la page 47. Tourne rapidement le coin des pages avec ton pouce et tu auras l'impression qu'ils se courent après en tournant en rond sans relâche.

DES LIGNES QUI JOUENT DES TOURS À NOS YEUX : LE NOIR

Prends une feuille de papier millimétré et un stylo noir pour épater tes copains avec quelques illusions d'optique obtenues en traçant de simples traits.

▼ Les flèches de Müller-Lyer en sont un exemple célèbre. Si l'on ajoute des traits en forme de flèche au centre et aux extrémités d'une ligne droite, les deux moitiés semblent être de longueur différente. Mesure l'écartement et tu constateras qu'elles font la même longueur.

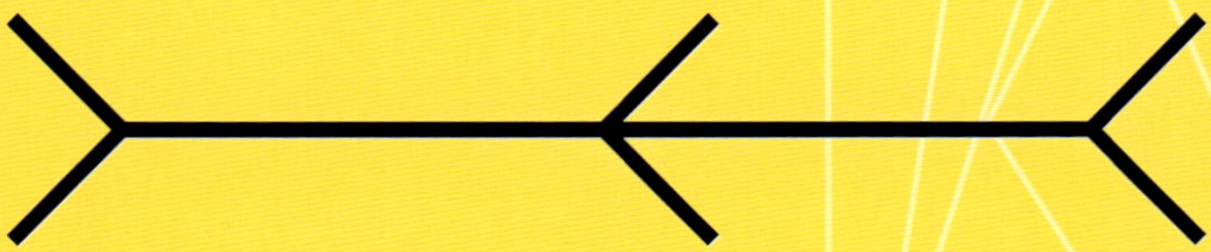

1 Prends une règle et un stylo noir pour mesurer et tracer trois lignes droites. Elles doivent toutes être de longueur égale.

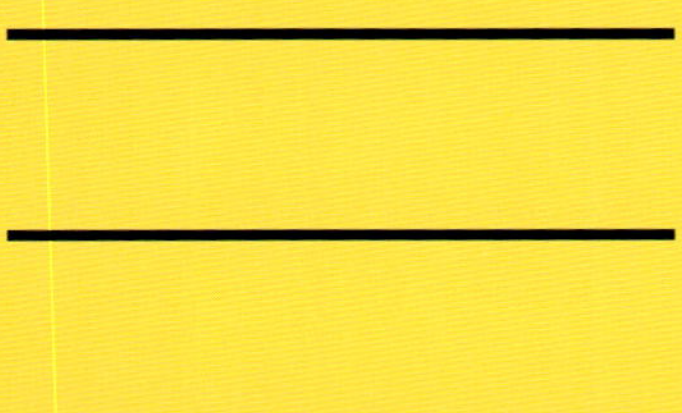

2 Ajoute aux lignes deux flèches mesurant exactement la même tail tel qu'indiqué sur le schéma.

MAINTENANT, TENTE
XPÉRIENCE SUIVANTE…

de-toi des lignes du papier
limétré pour te guider.
ssine quatre lignes de même
gueur les unes sous
autres. Ajoutes-y de petits
ts dans deux directions
posées.

a donne l'illusion que les
es ne sont pas droites, alors
elles le sont bel et bien !

n ouvrant le livre, tu as pu voir
lement une illusion déformante.
lignes paraissent obliques en
on du contraste
e les rectangles noirs
s blancs.

Les rayures du zèbre présentent un exemple naturel d'une illusion en noir et blanc. Chaque zèbre a son propre motif de zébrures, de même que chaque humain possède des empreintes digitales uniques.

JE SUIS UNE ILLUSION NATURELLE GÉNIALE !

DES LIGNES QUI JOUENT DES TOURS À NOS YEUX : LA TONALITÉ

Des rayures aux tonalités différentes créent des illusions surprenantes car les couleurs se mélangent. Le mot « tonalité » désigne les diverses nuances d'une même couleur.

▼ Il existe de nombreuses nuances allant du **PLUS FONCÉ** au **PLUS CLAIR** pour une couleur donnée (les tons). L'exemple ci-dessous montre différents to de la couleur rouge.

PLUS FONCÉ ← **PLUS CLA**

◀ Les nuanciers de peinture que l'on voit dans les magasins de bricolage présentent un dégradé de nuances pour différentes couleurs.

Tu en verras peut-être la prochaine fois que tu vas choisir un co pour repeindre ta cham

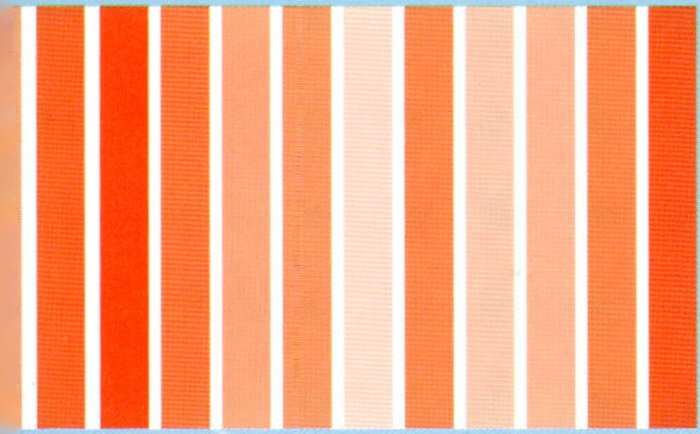

◀ Ajouter un trait **BLANC** entre chaque ton sépare distinctement les couleurs et les fait ressortir. Cela les rend aussi plus lumineuses.

Si l'on supprime les traits
.ncs, les couleurs se confondent
devienennent moins précises.
la donne un effet visuel étrange :
couleurs se mélangent.

Le savais-tu ?

Bridget Riley (née en 1931) est un peintre abstrait britannique célèbre pour son art optique (aussi appelé art cinétique) depuis les années 1960. Sur ses tableaux, elle joue de manière magnifique avec le noir et le blanc, les tonalités et les couleurs.

tiliser les mêmes tons mais sur
LIGNES ÉTROITES rend l'illusion
culièrement frappante ! Elle est facile
constituer à l'aide de crayons
ouleur.

METS TES LUNETTES 3D POUR REGARDER
LES RAYURES DE DIFFÉRENTES TONALITÉS.

DES LIGNES QUI JOUENT DES TOURS À NOS YEUX : LA COULEUR

Tu as vu comment les nuances d'une même couleur peuvent fusionner pour créer une étonnante illusion d'optique. À présent, essaie un genre d'effet similaire avec des couleurs contrastées.

Les deux feutres mis à ta disposition sont de couleur primaire – rouge et bleu. (voir page 18.) Prends un feutre noir afin de terminer cette étonnante illusion.

1 Dessine de larges bandes avec les feutres rouge et bleu, et colorie-les. Elles n'ont pas besoin d'être très nettes, mais il faut qu'elles alternent et se touchent.

2 Entoure-les au feutre noir. La bordure noire délimite bie chaque bande, mais elle fonce aussi un peu le ton. (Le contrair de l'effet obtenu avec le trait bla à la page 9.)

3 Assemble les feutres au moyen de la pince. Lorsqu'ils sont attachés, entraîne-toi à manipuler l'ensemble. Grâce à la pince, l'écartement entre les lignes bleues et les lignes rouges restera toujours le même.

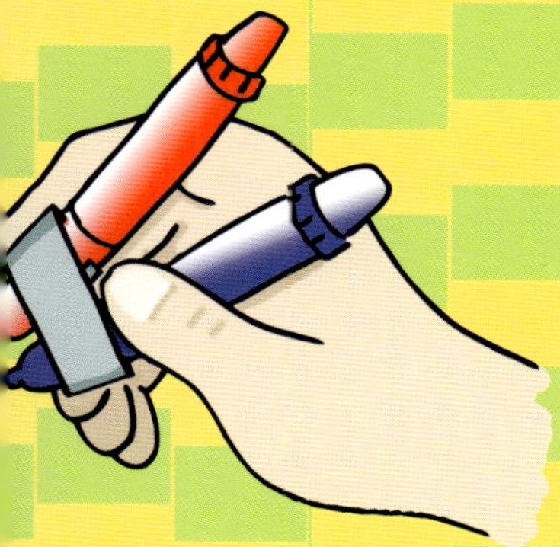

Ensuite, sors de l'enveloppe
quelques feuilles de papier blanc.
erce-toi un peu à griffonner
n de te sentir à l'aise lorsque
vas dessiner et écrire.

FIGURES RÉPÉTITIVES

LIGNES SIMPLES

QU'EST-CE QUI EST ROUGE, BLEU ET TOUT GONDOLÉ ?

Tu peux créer des illusions d'optique avec des lignes droites, mais pourquoi ne pas utiliser tes feutres rouge et bleu pour t'amuser à tracer des lignes qui serpentent dans tous les sens ? N'oublie pas la pince.

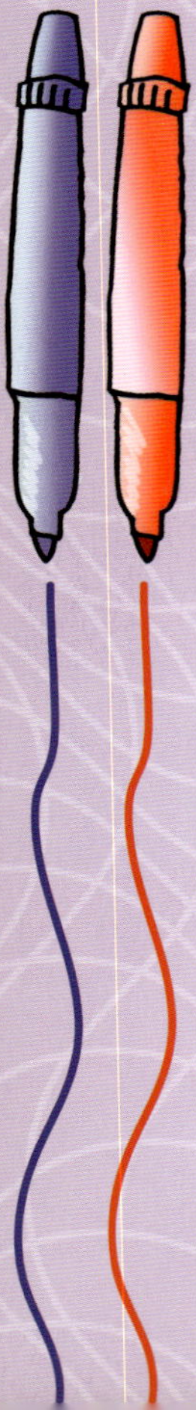

▶ Pour un résultat idéal, dessine en positionnant le feutre bleu à gauche du rouge.

▶ Le bleu fait penser à une ombre sous le rouge.

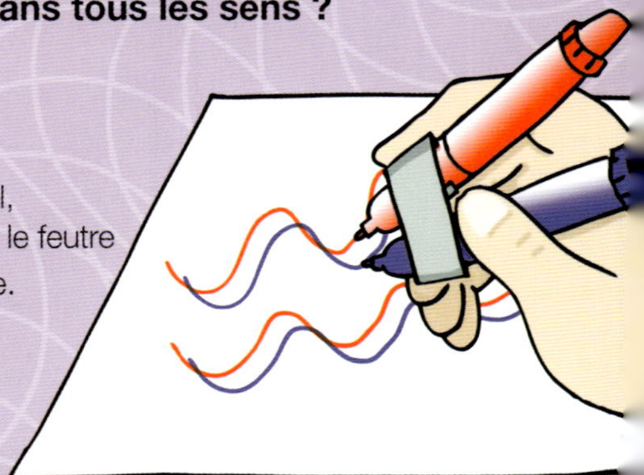

▲ Pour former des ondulations déplace lentement la main de haut en bas.

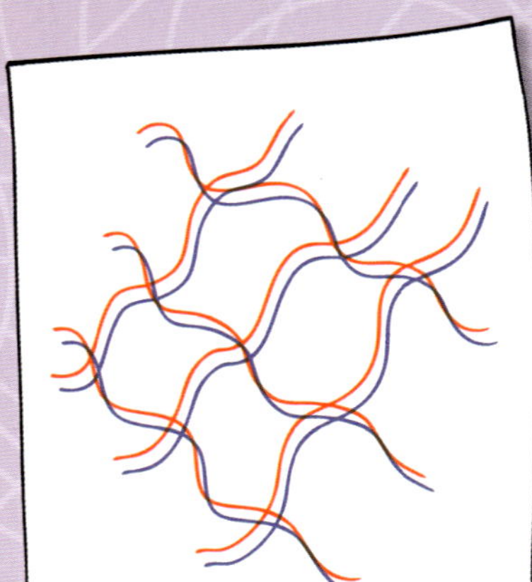

▲ Fais se croiser les lignes, à la façon d'un filet.

e pieuvre a des tentacules qui gesticulent. Un chouette sujet
ssiner pour commencer ! C'est le moment de chausser tes lunettes 3D
reproduire soigneusement cette image.

◀ Dessine la forme approximative d'une tête, et huit tentacules qui partent dans tous les sens.

eux ajouter
ntouses aux
ules et quelques
its de vie
que autour.

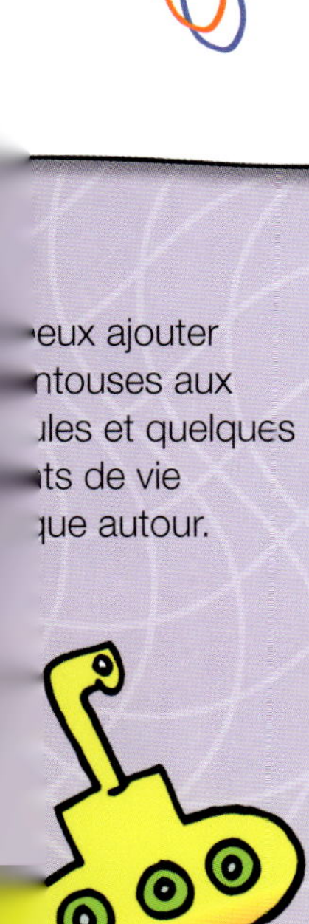

▲ Ce dessin devrait te chambouler les yeux !

VOIR EN 3D (I)

Le monde peut être un espace en 3D fantastique, surtout si un objet évolue de 2D en 3D en quelques secondes !

▶ Regarde bien les lunettes 3D de la pochette. Elles comportent deux filtres colorés, un rouge et un bleu. Lorsqu'on porte ces lunettes, chacun de nos yeux reçoit une image différente.

Un dessin spécialement conçu pour être en 3D se compose de deux couches plates en 2D, qui sont l'une au-dessus de l'autre mais légèrement décalées.

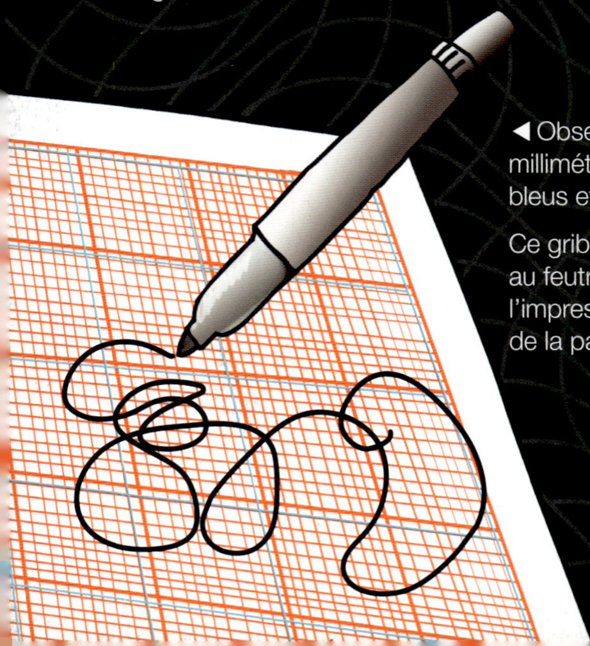

◀ Observe attentivement le papier millimétré. Il se constitue de quadrillage bleus et rouges.

Ce gribouillage sur le papier au feutre noir te donne l'impression qu'il saute de la page droit sur toi !

Mets tes lunettes 3D et regarde
nage ci-dessous. Ton cerveau essaie
xpliquer ce qu'il voit et forme
e fantastique image en relief !

D'un seul coup,
les planètes prennent
une nouvelle dimension !

VOIR EN 3D (II)

Voici quelques raisons supplémentaires d'utiliser les lunettes 3D fournies avec ce livre. Enfile-les et regarde les photos spéciales de cette double page.

▲ Avec tes lunettes, la boîte à outils semble se trouver devant toi et non pa[s] imprimée sur la page d'un livre !

◀ Une nuée de papillons en 3D est venue sentir une belle fleur intéressante.

Mets tes lunettes
pour les voir battre des ailes.

LES ILLUSIONS DE COULEURS

Les illusions d'optique sont partout. C'est parce que tout ce que nous voyons est en couleur, or la couleur peut être trompeuse à l'œil nu.

Pour comprendre ce qu'est la couleur, il est important de savoir que les **COULEURS PRIMAIRES** ne peuvent pas s'obtenir en mélangeant d'autres couleurs ensemble, mais que l'on peut créer toutes les autres couleurs à partir des couleurs primaires.

Regarde page 28 comment on procède au mélange des couleurs et par quel moyen on obtient des **COULEURS SECONDAIRES et TERTIAIRES.**

LA LUMIÈRE CONTIENT TROIS COULEURS PRIMA
LE ROUGE, LE VERT ET LE BLEU.

La couleur est la **propriété qu'a un objet d'absorber la lumière** ; c'est aussi une manière de **décrire la lumière.**

Nous voyons de plusieurs couleurs les êtres vivants et les objets qui nous entourent à cause de leur pigment. Le **pigment** est le matériau qui modifie la couleur de la lumière qu'il réfléchit, et la façon dont la lumière est absorbée.

Nous avons l'impression de des millions de couleurs qu nous regardons la télévis mais c'est une illusion : en réa l'image est composée d' multitude de minuscules po lumineux rouges, verts et ble

Tu regarderas l'écran un différemment la proch fois que passera émission préfé

Pour imprimer des livres en couleur, on ne
: sert généralement que de quatre couleurs
uadrichromie) : le cyan (bleu), le magenta
ouge), le jaune et le noir. Ce qu'on voit comme
ıe image en couleur est une illusion d'optique,
nstituée de milliers de points minuscules.
: gros plan de cette photo montre
disposition des pointillés.

s points sont superposés à des angles
férents. C'est une ruse pour faire voir
ıotre œil une image en couleur.

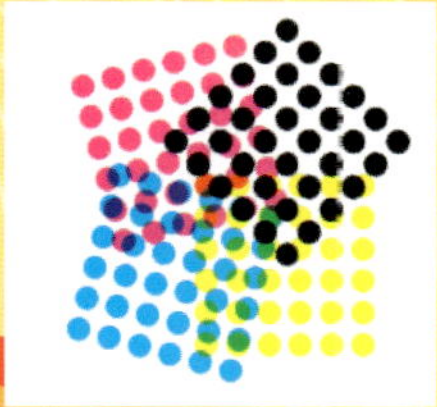

Ce livre a été imprimé avec seulement quatre couleurs.
En abrégé, on parle du modèle **CMJN**.
Cyan = **B**leu
Magenta = **R**ouge (une nuance de rouge plutôt rose)
Jaune
Noir

Les points des quatre couleurs n'ont pas tous la même dimension ni la même densité : certains endroits ont l'air d'être d'une couleur unie car les points sont très rapprochés. Ailleurs, les points sont moins nombreux et plus éloignés.

umière
t se fractionner
différentes couleurs,
appelle cela
spectre : rouge,
ngé, jaune, vert,
ı, indigo et violet.

s la nature,
-en-ciel en est
emple. Le spectre
couleurs apparaît
que la lumière
oleil réfléchit les
ttes de pluie.

Tu as peut-être lu le terme **PPP** sur la notice d'un appareil photo ou d'une imprimante ? Cela signifie **P**oint **P**ar **P**ouce (le pouce étant une mesure).

PERSISTANCE DE LA VISION :
LE DALTONISME

L'œil est extraordinaire ! La plupart des gens se servent d leurs yeux sans comprendre comment ils fonctionnent vraiment. Il est utile de le savoir, d'autant plus que les yeux sont un élément important dans la compréhension des illusions d'optique.

▶ La rétine de l'œil humain possède des cellules qui sont sensibles à différents types de lumière.

▶ **LES CELLULES EN FORME DE CÔNES** entrent en action à la lumière du jour et permettent de percevoir les couleurs.

▶ **LES CELLULES EN FORME DE BÂTONNETS** ne sont actives que lorsque la lumière est faible et aident à voir dans l'obscurité.

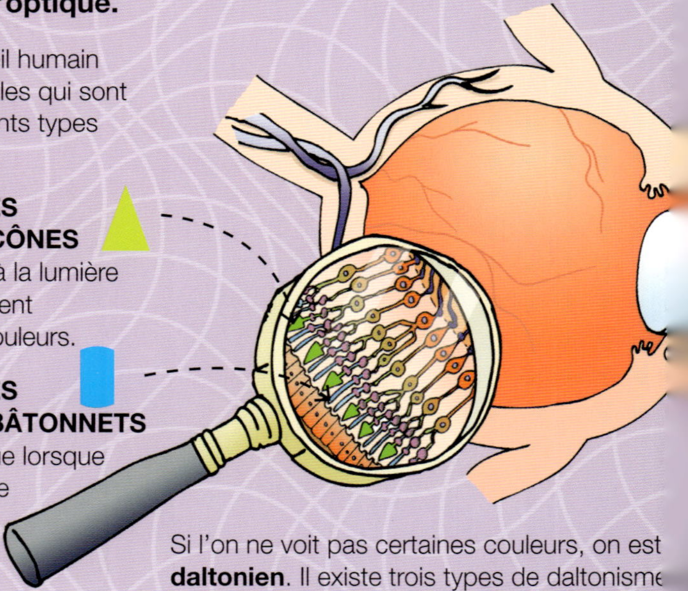

Si l'on ne voit pas certaines couleurs, on est **daltonien**. Il existe trois types de daltonism ne pas percevoir une des couleurs du spect mal distinguer une des couleurs et ne perce aucune couleur. Le plus fréquent est lorsqu' ne peut pas faire la différence entre les roug les jaunes et les verts.

La plupart des gens atteints de daltonisme ne s'en rendent même pas compte et mène une vie normale ! Ce n'est donc pas grave si tu découvres que tu es daltonien.

Regarde le cercle de points
-dessous pour vérifier
ıe tu distingues bien
vert du rouge.

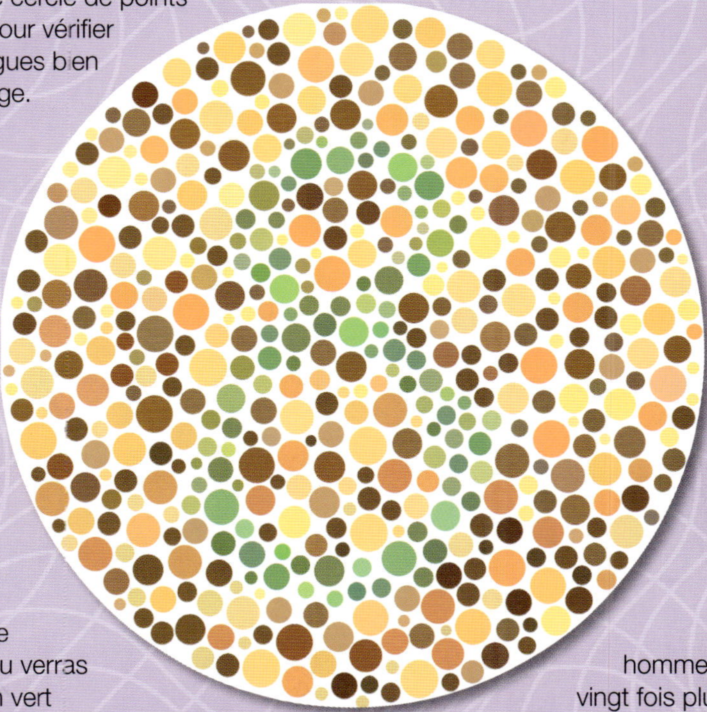

ɹu ne
ıffres pas
ce type de
tonisme, tu verras
hiffre 8 en vert
milieu de points marron,
nge et beiges.

Les
hommes ont
vingt fois plus de
risque que les femmes
d'être daltoniens.

Le savais-tu ?

On dit que les mammifères comme
les chiens ont la même vision
qu'un humain daltonien ne distinguant
pas le vert du rouge, et on pense
que les mammifères marins
comme les dauphins
voient uniquement en noir et blanc !

PERSISTANCE DE LA VISION : QUI A VU VERRA

Tes yeux peuvent te jouer des tours et te faire percevoir les choses différemment de ce qu'elles sont en réalité. Fais-les marcher !

Avec tes deux yeux, tu peux évaluer la dimension des objets qui t'entourent et à quelle distance ils se trouvent. Cela s'appelle la perception spatiale.

▼ MAINTENANT, ESSAIE CECI…

Place un livre à la verticale sur une surface plane. Recule d'un pas et tiens un stylo à environ 15 cm de tes yeux. Ferme tour à tour l'œil droit puis le gauche. Tu auras l'impression que le livre bouge, ce qui n'est pas le cas.

ŒIL GAUCHE OUVERT

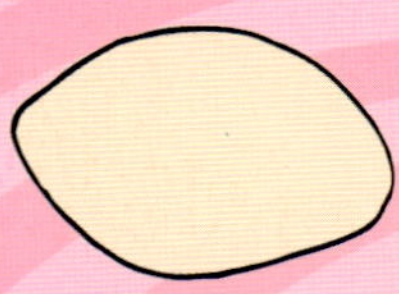

ŒIL DROIT FERMÉ

ŒIL GAUCHE FERMÉ

ŒIL DROIT OUVERT

Le savais-tu ?

On parle de vision binoculaire parce que nous percevons deux images différentes, une pour chaque œil. Ton cerveau combine ces deux visions de façon à ce que tu n'en aies plus qu'une, en 3D, que l'on appelle la vision stéréo.

xiste une zone à l'arrière de ton œil où le nerf optique envoie des signaux cerveau. Elle n'est pas sensible à la lumière et s'appelle un **POINT AVEUGLE** une **TACHE AVEUGLE.**

TESTE TON POINT AVEUGLE !

garde l'image ci-dessus. Tiens ce livre out de bras, puis plie le coude. Ferme il gauche et fixe la croix avec le droit. devras peut-être ajuster un peu le bras, is dès que tu auras trouvé la bonne ance, le carré disparaîtra.

Les images sont envoyées à l'envers à la rétine ton œil, mais ton cerveau les remet à l'endroit.

À toi de jouer

« IMPRIME » UNE POST-IMAGE À TA VISION

Fixe le point rouge pendant 30 secondes, puis pose les yeux sur une feuille blanche.

Bien que tu ne le regardes plus, le point rouge se transférera sur le papier ! Tu peux dessiner ton propre point au feutre.

UN TOURBILLON SPECTACULAIRE

Fabrique une toupie hallucinante. C'est facile à réaliser. Tu auras besoin d'une règle, de ciseaux, d'une tasse et d'un peu de pâte à modeler.

1 Dessine un cercle sur une feuille de papier blanc. Pour obtenir une forme parfaite, trace le périmètre d'un objet circulaire, comme le fond d'une tasse.

2 Divise le cercle en huit parties environ, à l'aide d'une règle et d'[illegible] crayon à papier, sans trop appuyer av[illegible] le crayon.

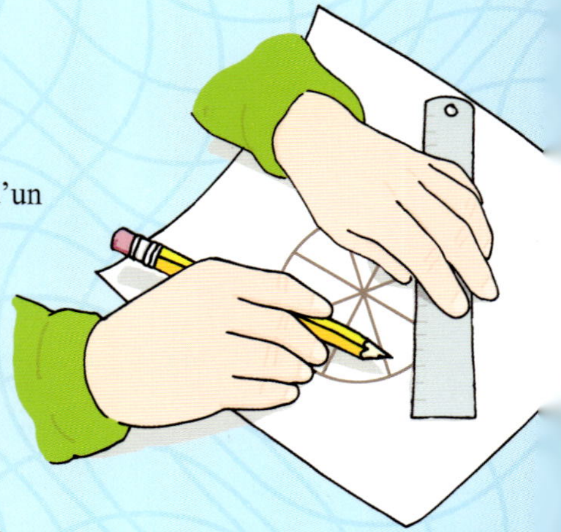

3 Colorie chaque section en altern[illegible] le bleu et le rouge. On ne doit plus voir les traits de crayon.

4 Découpe soigneusement le
pourtour de ton cercle avec
e paire de ciseaux.

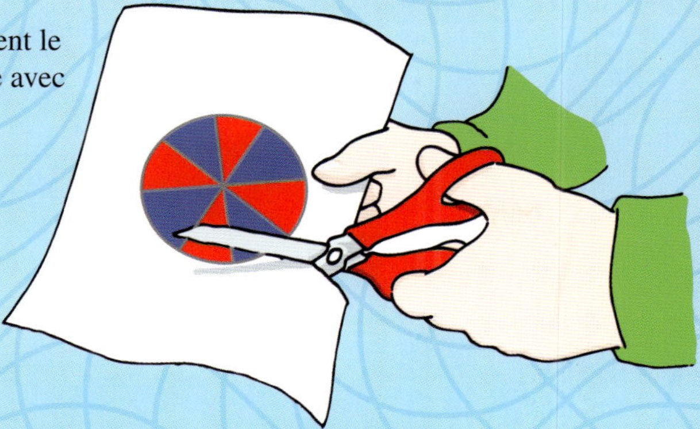

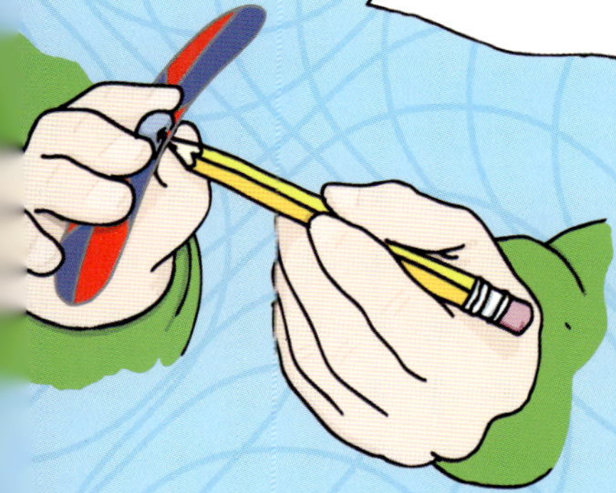

5 Sers-toi de la pointe du crayon pour percer un trou au centre, en te protégeant les doigts de l'autre côté avec la pâte à modeler. Enfonce le crayon à moitié.

Tiens le crayon
par le haut et fais-le
ner. Regarde
egments bleus
s rouges se fondre
ne seule couleur,
urpre !

Le savais-tu ?

La couleur pourpre est associée à la royauté car c'était l'une des teintures les plus chères à fabriquer. Seuls les riches pouvaient donc se permettre de porter des vêtements de cette couleur.

QUESTION DE PERSPECTIVE

Les dessins en perspective peuvent être très trompeurs. L'usage d'un point de fuite dans un tableau en fausse l'échell

▼Regarde le dessin ci-dessous. Tes yeux te feront croire qu'un grand monstre pourchasse un petit dans un long couloir.

En fait, les deux monstres font exactement la même taille. Mesure-les si le doute subsiste ! L'angle des lignes et la dimension des briques engendrent u formidable illusion.

ɛc du papier millimétré et un feutre noir, tu peux créer une image en 2D
fait croire à ton esprit qu'elle est en 3D !

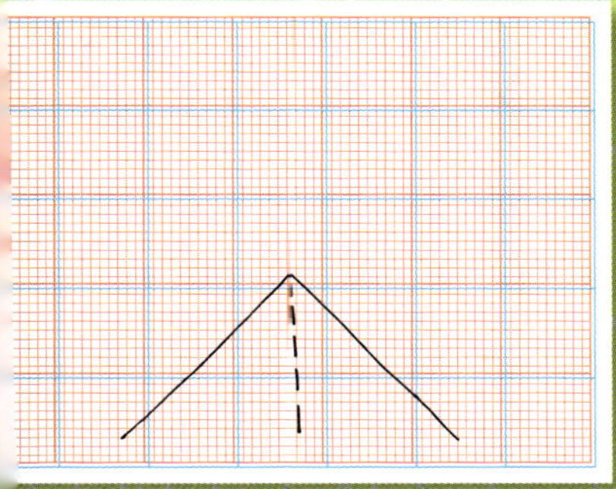

◀ Dessine deux traits se rejoignant au milieu : c'est le point de fuite. Si tu dessines un horizon, le point de fuite doit donner l'impression d'être à la hauteur des yeux.

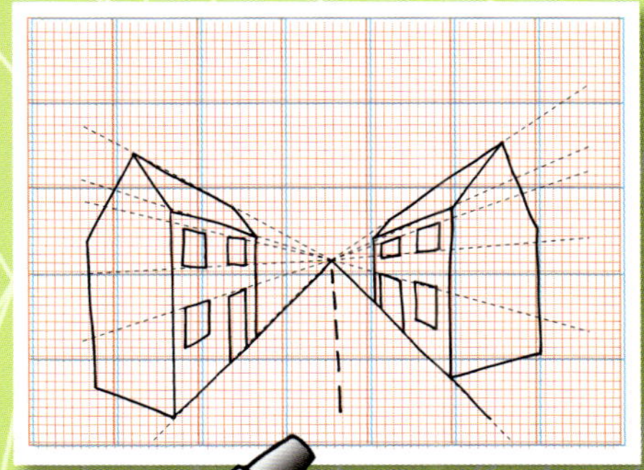

joute des bâtiments de chaque
, comme sur le modèle. Tu
veras peut-être plus facile
racer au crayon des lignes pour
uider, que tu effaceras lorsque
uras terminé.

◀ Plus les objets sont loin du premier plan et proches du point de fuite, plus ils doivent être petits.

UN POINT C'EST TOUT !

Le pointillisme est un style de peinture qui utilise de tout points de couleurs primaires pour produire l'impression couleurs secondaires ou tertiaires. Les tableaux sont différents vus de près et de loin.

Les couleurs **PRIMAIRES** sont expliquées page 18. Jettes-y un coup d'œil pour te rafraîchir la mémoire.

Il existe trois couleurs **SECONDAIRES** : le **ORANGE**, le **VERT** et le **VIOLET**. Elles s'obtiennent en mélangeant les couleurs primaires : rouge, jaune et bleu.

On obtient les couleurs **TERTIAIRES** en mélangeant une couleur primaire et une couleur secondaire.

Le savais-tu ?

Georges-Pierre Seurat (1859-1891) est un célèbre peint français, réputé pour l'usage qu'il a fait du pointillisme dans son art.

FABRIQUE TA PROPRE ILLUSION AVEC DES POINTS.

Dessine un croquis simple, comme une voiture, sur une feuille blanche. ppuie pas trop fort sur ton crayon à ier de pouvoir le gommer uite.

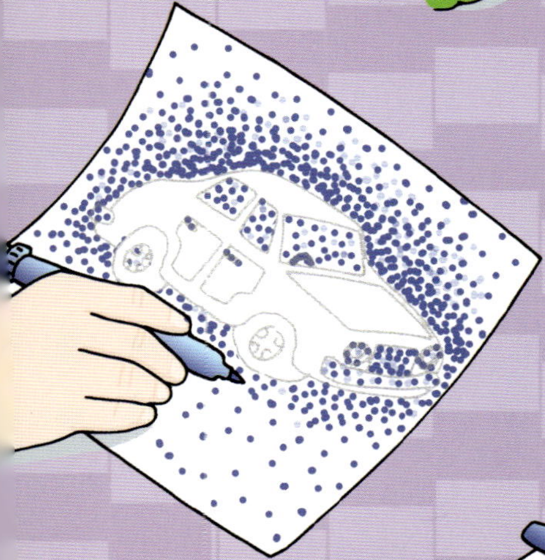

2 Sers-toi du feutre bleu pour en délimiter le contour, avec des tas de petits points.

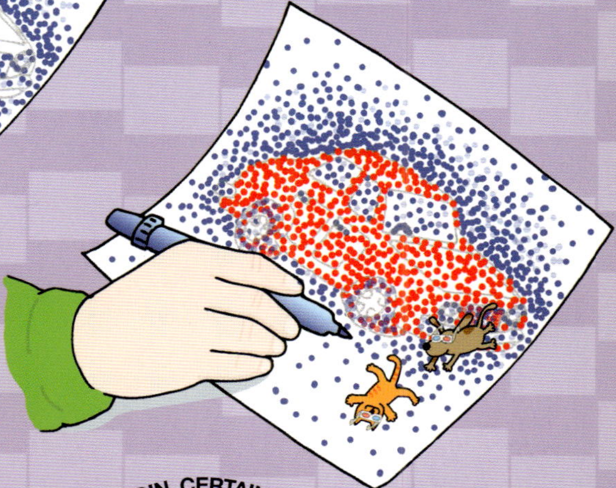

emplis le reste du dessin vec des points au feutre . Cela crée une illusion ssante : de près, on ne ue des points, mais éloigne u ton dessin et l'image de la re apparaîtra progressivement.

DE LOIN, CERTAINS POINTS SEMBLENT VIOLETS !

PITRERIES ANIMÉES

Fabrique un flip-book enroulé avec ta propre animation. Il ressemblera aux singeries de Ginger et Gruff que tu vois en bas de toutes les pages de droite de ce livre.

1 Plie une feuille blanche en deux, de façon à ce que le haut et le bas se touchent.

2 Dessine deux croquis simples avec les feutres. Attention, il faut que chacun représente la suite du précédent, comme cette fusée qui décolle.

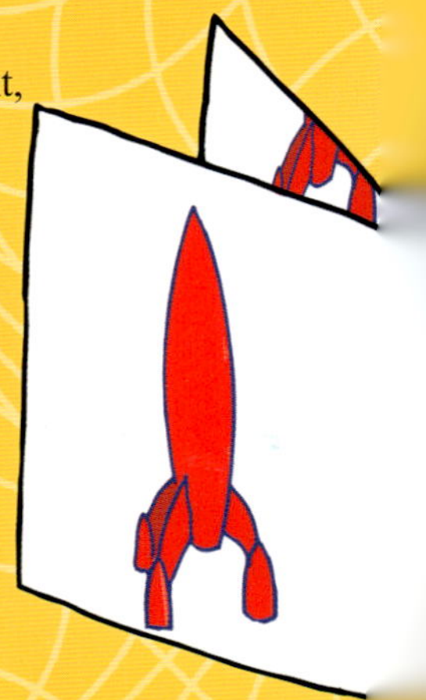

3 Trouve un long stylo et enroule la feuille autour, en commençant par l'extrémité et en roulant jusqu'au pli du papier, comme indiqué.

Fais rouler le stylo
à droite et à gauche, plusieurs
s de suite,
es dessins sembleront mobiles.
s tu le rouleras vite, plus le
uvement sera continu
lus l'animation sera réussie.

Le savais-tu ?

Dans les films d'animation, toutes les images sont produites individuellement et montrées très vite les unes après les autres. C'est une illusion d'optique grâce à laquelle les personnages donnent l'impression d'être en mouvement continu.

ORIGAMI RIGOLO

Avec deux dessins sur une même feuille, fabrique une illusion saisissante.

1 Utilise la feuille divisée en six parties. Dessine un ours sur une moitié et un arbre sur l'autre. Chaque dessin doit occuper trois bandes.

2 Avec des ciseaux, découpe l six bandes en suivant les lig pour te guider.
Colle chacune des bandes sur u autre feuille de papier, en les alternant comme indiqué.

Le savais-tu ?

Dans le tableau de Hans Holbein le Jeune (1497-1543) intitulé *Les Ambassadeurs* (1533), on peut voir un crâne fascinant. Il a l'air en 3D lorsqu'on le regarde de côté ou de dessous. Ce n'est qu'une question de perspective. As-tu vu l'image à côté de cet encadré ? Sinistre !

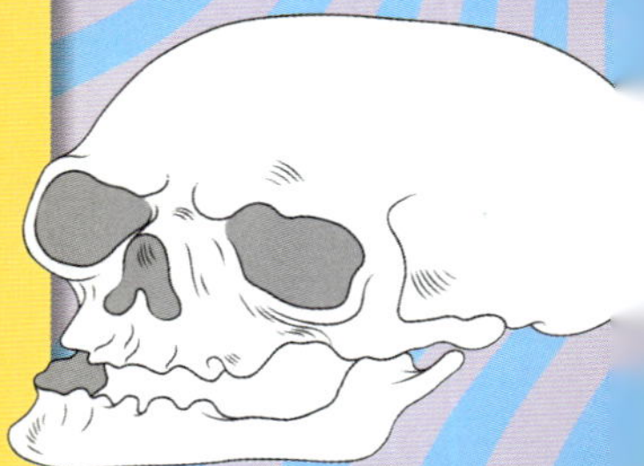

Plie le papier en éventail à l'endroit de chaque ligne. Attention, cun dessin ne doit déborder la bande voisine.

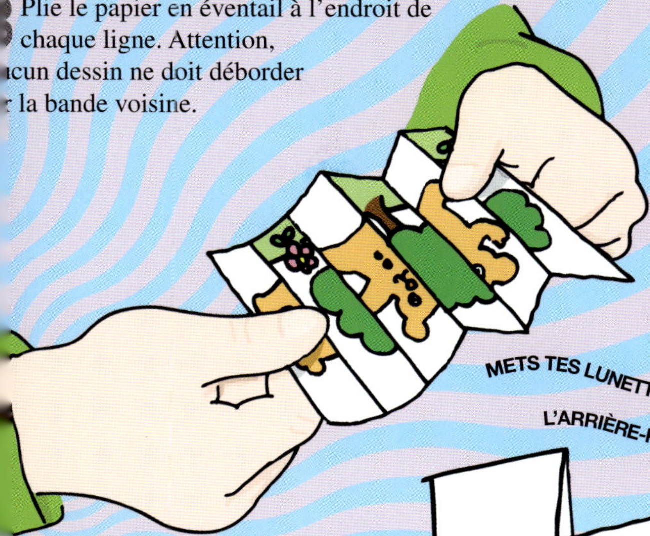

METS TES LUNETTES 3D POUR REGARDER L'ARRIÈRE-PLAN DE CETTE PAGE

Lorsqu'elle est à plat, l'image ne représente rien. Mais en la pliant correctement et en la regardant du côté gauche, puis du droit, oit clairement chacun des deux dessins !

L'IMPOSSIBLE : OBJETS

Un objet impossible est une illusion d'optique par laquell un objet en 2D a l'air d'être en 3D, mais en l'observant un peu plus attentivement, on constate que sa forme n'est tout simplement pas possible !

Le cube de Necker est un « objet impossible » qui a été créé par Louis Albert Necker en 1832. Suis les contours du cube ci-dessous pour voir où il commence et où il s'arrête.

DE QUEL CÔTÉ LE CUBE EN 3D SE PRÉSENTE-T-IL ?

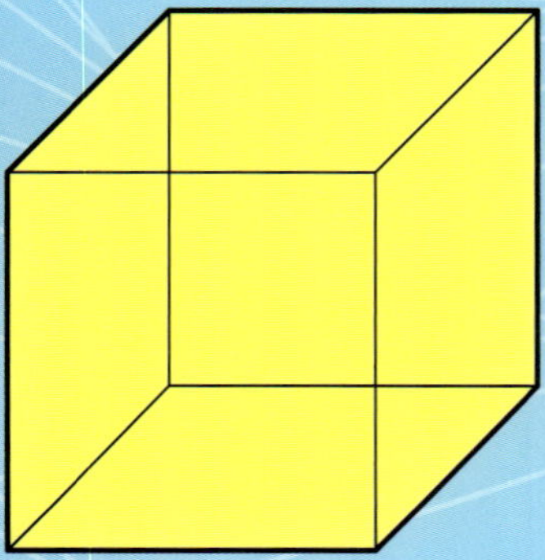

Le cube est-il orienté vers le bas ou vers le haut ? Les exemples de droite montrent les deux interprétations que l'on peut faire, et c'est pourquoi il s'agit d'un objet impossible.

VERS LE BAS

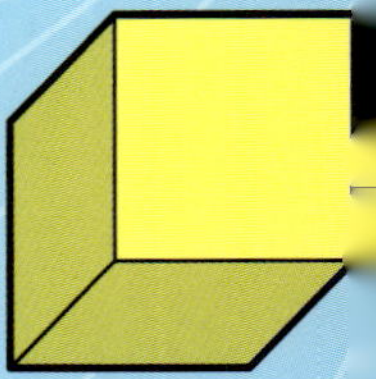

VERS LE HAUT

◀ Voici un autre objet étrange. Suis l'un des bords du triangle ave ton doigt et tu t'apercevras vite qu'il mène à une extrémité impossi

Ce trident présente une illusion cachée que tu remarqueras rapidement. mmence par le haut et suis le contour du trident, comme tu l'as fait ec le triangle. La fourche du bas n'a pas d'extrémité !

L'éléphant ci-dessous une fabuleuse illusion, exploite le même principe e le trident. Combien de pattes et éléphant ? C'est un résultat possible, n'est-ce pas ?

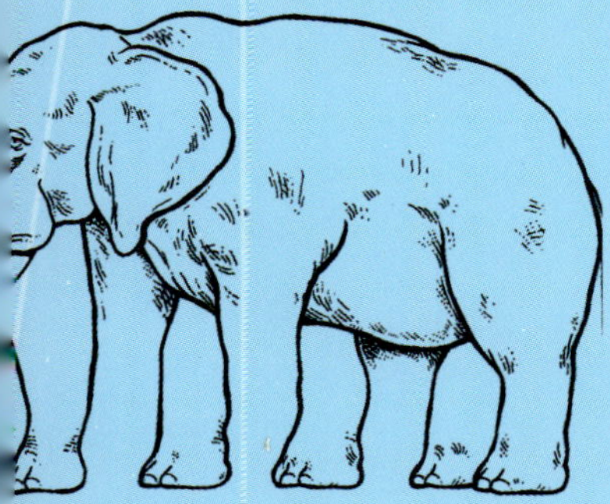

Essaie de comprendre comment ces effets ont été réalisés.

▲Quel escalier impossible !

Le savais-tu ?

Maurits Cornelis Escher (1898-1972) est un célèbre artiste qui a imaginé des illusions visuelles et des structures mpossibles stupéfiantes. Regarde par exemple le dessin à droite de la page.

L'IMPOSSIBLE : ILLUSIONS

Il faut un certain temps pour déchiffrer une illusion ambigu car elle offre plusieurs interprétations. Parfois, une image trouve juste sous nos yeux mais elle n'apparaît pas clairement du premier coup.

▶ Que vois-tu dans le dessin en noir et blanc ?

Vois-tu une vieille dame qui a la tête légèrement penchée et une verrue sur le nez, **OU** vois-tu le visage d'une jeune fille de profil ?

Dès que l'on a repéré les deux images, c'est une véritable révélation.

◀ À présent, observe bien le dessin en rouge et blanc. Que vois-tu ?

S'agit-il d'un bougeoir **OU** est-ce la silhouette de deux visages de profil ?

◄Une forme qui est
sitive et négative
›duit le même effet
squ'on inverse les
ıleurs.

› sera peut-être plus
ile de visualiser les
rtions noires des
ets.

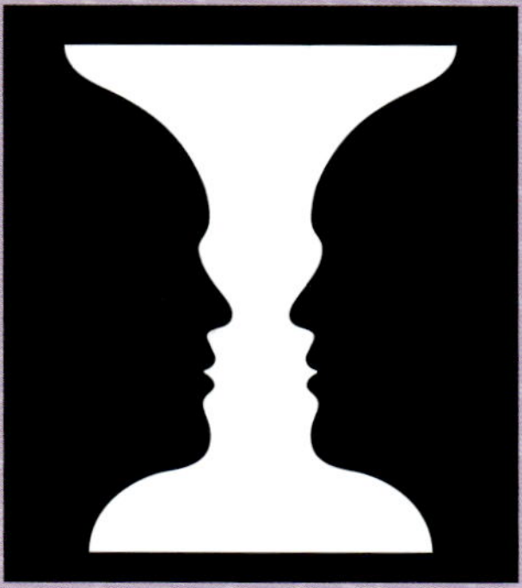

DEUX VISAGES

UN BOUGEOIR

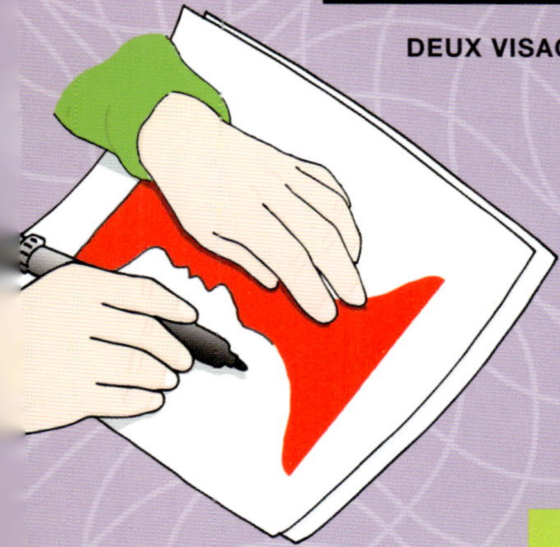

◄ Utilise l'un des feutres et une feuille blanche pour dessiner cette illusion ambiguë. Si tu en apprends le contour par cœur, tu pourras le reproduire pour t'amuser avec tes copains !

Le savais-tu ?

Giuseppe Arcimboldo (1527-1593) est un célèbre artiste italien qui peignait des assemblages d'éléments tels que des fruits, des légumes et des fleurs évoquant des visages humains. Regarde l'exemple à gauche de cet encadré.

L'IMPOSSIBLE : TYPOGRAPHIE

La manière dont les mots sont disposés peut modifier l'interprétation qu'on en fait. On appelle cela la typographie

▼ Lis rapidement à voix haute la phrase qui se trouve dans le triangle. Ne réfléchis pas trop avant de la lire.

As-tu dit « Ceci est un triangle » ? Eh bien regarde mieux… En fait, il est écrit « Ceci est un un triangle ». La mise en page fait que ton œil a supprimé le « un de trop et a lu ce que ton cerveau pense juste, et non ce qui est réellement marqué.

▶ Les mots peuvent produire des illusions remarquables et amusantes. Une lettre ressemble parfois à un chiffre. Regarde cet exemple.

Vois-tu des chiffres, des lettres, **OU** les deux ? Lis-tu horizontalement A, B et C, et 12, 13 et 14 verticalement ?

▼ L'illusion ci-dessous est très musante. Prononce la couleur ans laquelle est écrit chaque mot, ite et à voix haute. N'oublie pas e dire la première réponse ui te vient à l'esprit.

JAUNE	BLANC
VERT	ROUGE
BLEU	ROSE
VIOLET	ORANGE
NOIR	MARRON

partie droite de ton cerceau est intuitive et essaie te faire dire la couleur, mais la partie gauche est tionnelle et veut absolument lire le mot à la place !

vas constater que presque tout le monde lit le mot rit au lieu de prononcer la couleur de ses lettres, el que soit le mot.

MOTIFS EN FOLIE : LE ROUGE ET LE BLEU

Sers-toi des feutres rouge et bleu et de la pince pour créer des modèles d'illusion d'optique originaux. Laisse libre cours à tes feutres et à ton imagination !

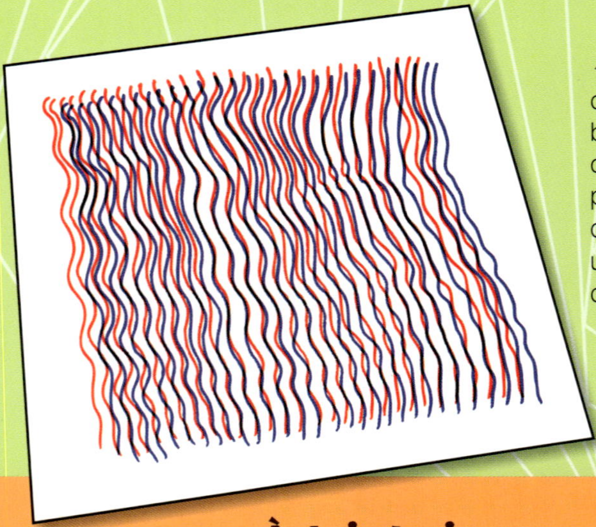

◀ Le simple fait de dessiner sur du papi[er] blanc une successio[n] de lignes gondolées proches les unes des autres produit un motif qui va faire disjoncter tes yeux !

À toi de jouer

Jette un regard rapide aux deux cercles. Lequel paraît le plus grand ?

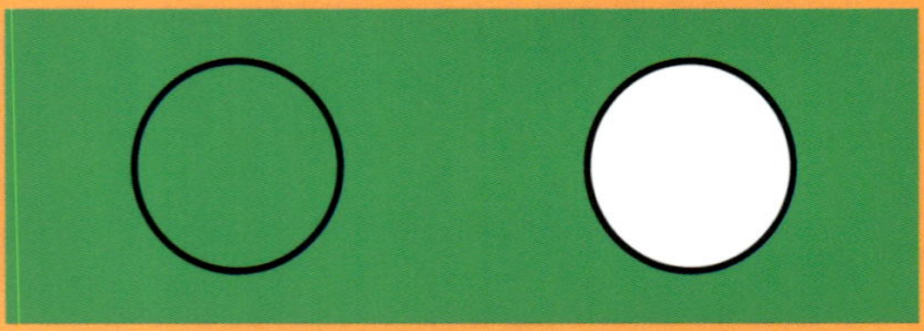

éponse : la plupart
les gens choisissent
nstinctivement le cercle
lanc parce qu'il se
létache mieux, mais ils
ont tous deux exactement
a même taille.

◀ Maintenant, essaie de panacher les motifs et de dessiner toutes sortes de boucles et de courbes fantaisistes.

◀ Ce modèle est simple mais, une fois terminé, il est très spectaculaire. Dessine un alignement de petits cercles côte à côte, et tu te retrouveras avec une grosse pagaille circulaire.

…que tu auras essayé ces …gestions, n'hésite pas à dessiner …crire toutes les autres idées …e viendront à l'esprit. …ce à la pince, tu pourras inventer …écritures incroyables.

FORMES GÉOMÉTRIQUES : 3D

Beaucoup de formes géométriques sont en 3D parce qu'ell ont des lignes ou des courbes régulières. N'oublie pas qu les formes tridimensionnelles ont une largeur, une longueur et un profondeur.

▶ Voici quelques objets géométriques 3D simples et faciles à identifier. Ils ont l'air en 3D à cause des nuances de couleurs et de la façon dont la lumière semble les éclairer.

CÔNE : pense à une variante 3D et incurvée d'un triangle

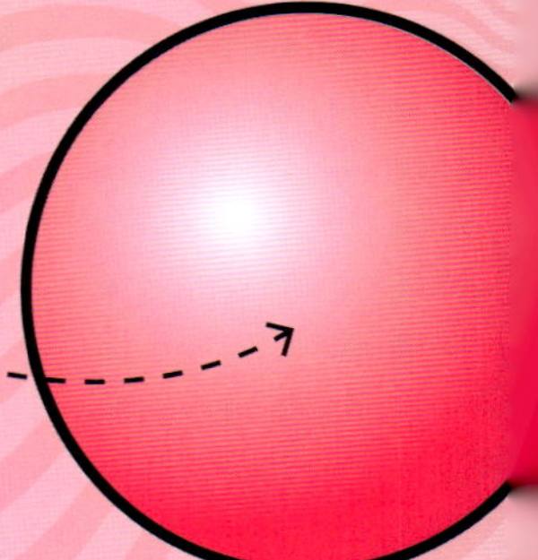

SPHÈRE : pense à la version 3D d'un cercle, évoquant un ballon.

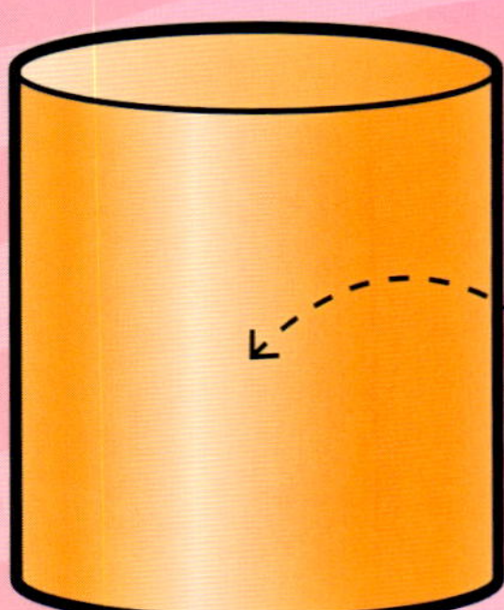

CYLINDRE : pense à un bâton en 3D et arrondi.

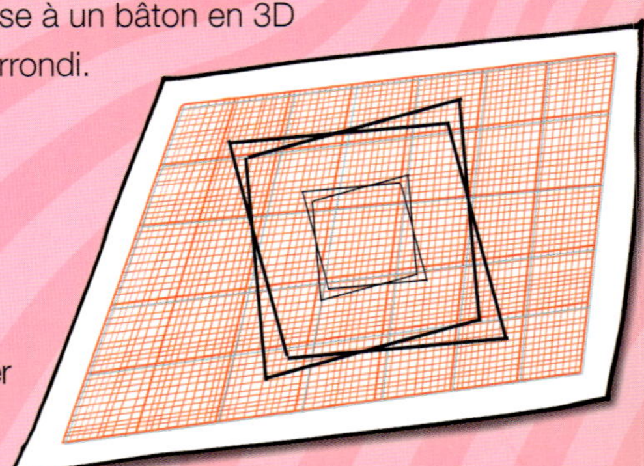

▶ Tu peux inventer des modèles fantastiques en exploitant les figures géométriques. Essaie de dupliquer des motifs sur le papier millimétré.

DIPYRAMIDE :
pense à un triangle 3D (qui ressemble à une pyramide)

Dessine des formes géométriques et colorie-les au crayon. Laisse une zone blanche pour indiquer la lumière, et fonce les endroits où devrait tomber l'ombre.

RHOMBOÈDRE :
pense à une forme de cerf-volant en 3D.

À toi de jouer

Jette un rapide coup d'œil au dessin ci-dessous. Lequel des deux cercles bleus est le plus proche du point bleu ?

Réponse : la plupart des gens choisissent le cercle de gauche, parc[e] que les deux triangles font paraître l'espace, en le comblant, moins long qu'il ne l'est.

FORMES GÉOMÉTRIQUES : LES YEUX CARRÉS

Un carré est une figure géométrique simple. En regroupant un grand nombre de carrés, on crée des illusions d'optique.

▶ La grille de Hermann est une illusion physiologique découverte par Ludimar Hermann en 1870.

Tes yeux sont débordés et soumis à une stimulation si intense que tu distingues des points gris au milieu des carrés. Regarde bien !

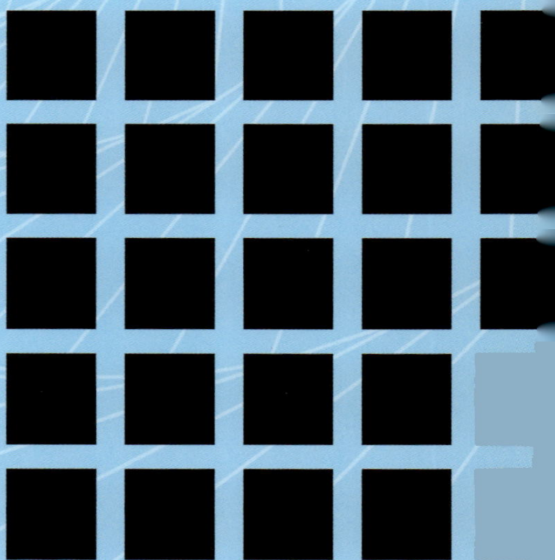

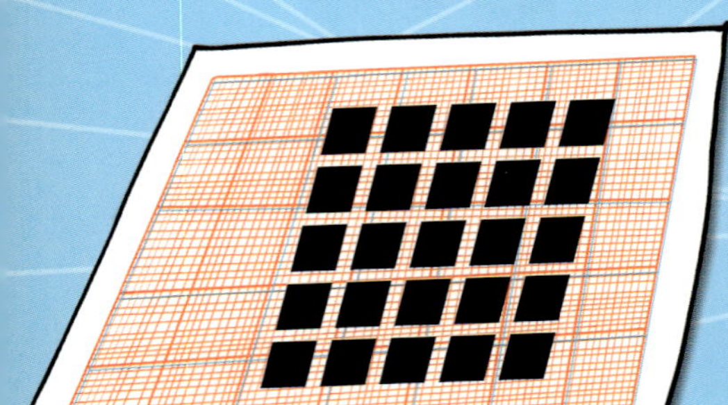

◀ Tu peux faire l'expérience avec tes amis. Prends une règle et un crayon pour dessiner des petits carrés de 5 cm sur 5 cm sur le pa millimétré, puis colorie-les au feutre

Tu peux concevoir ta propre version de ce schéma. Utilise les feutres rouge bleu reliés par la pince pour colorier les arabesques.

Le savais-tu ?

L'artiste allemand Josef Albers (1888-1976) a conçu des œuvres d'art abstrait et minimal formidables, tel que *L'hommage au carré*.

VOIR EN 3D (III)

Voici deux robots colorés et tridimensionnels.
Mets tes lunettes pour voir comme ils sont impressionnan
On dirait presque qu'ils sortent de la page pour marcher vers to

Voici deux séries d'illustrations représentant
s cercles. Regarde-les et devine quel cercle blanc
le plus gros dans chacune.

La plupart des gens désignent le rond qui a la bordure orange la plus étroite, mais les cercles blancs, à l'intérieur, font exactement la même taille !

Le plus souvent, les gens choisissent le cercle blanc entouré des huit petits ronds roses mais là encore, les cercles blancs sont rigoureusement identiques !

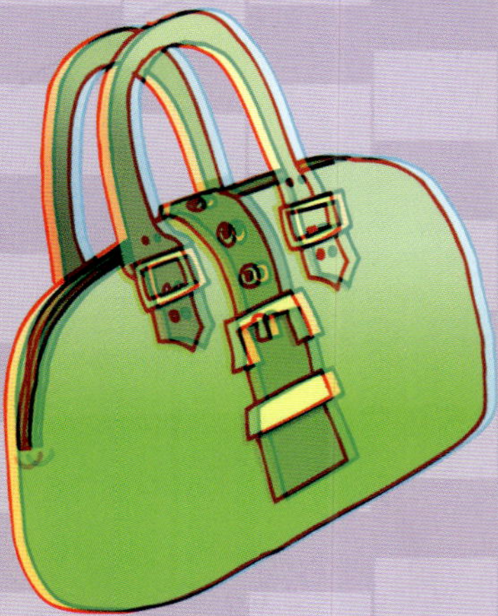

Le savais-tu ?

Victor Vasarely (1906-1997) est un plasticien français d'origine hongroise très célèbre pour ses travaux relatifs au Op Art (art ptique, ou cinétique). Ses créations artistiques sont extraordinaires.

ÇA NE TOURNE PAS ROND !

Cette image va te tourneboulerles yeux. Regarde en hau
puis en bas, et en travers. Les ovales semblent tourner lentement, comme les rouages d'une machine.

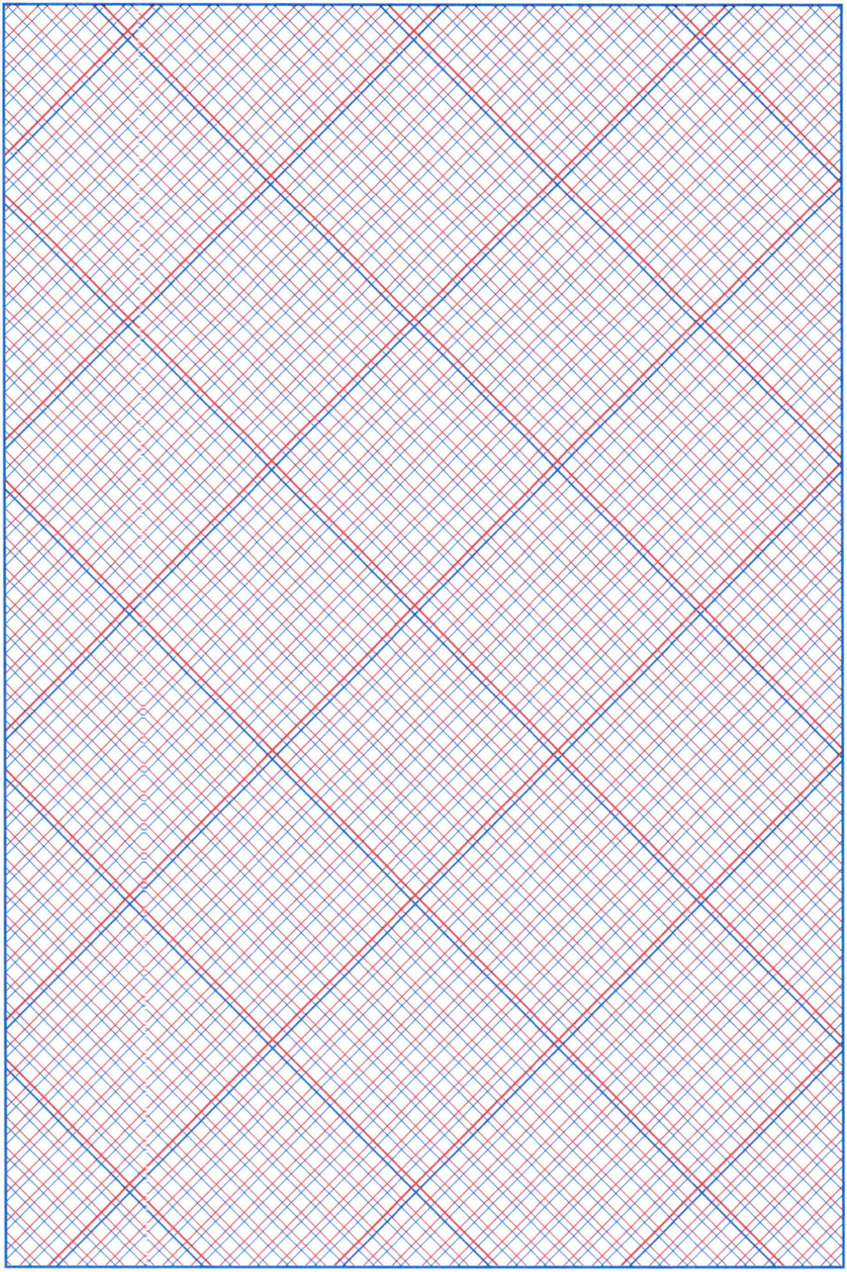